审读专家：江浪 博士

元素都市GO！

118种化学元素带你探索世界

[日] 宫村一夫 | 编　　[日] 堀田 Miwa | 绘　　孙成志、刘佳 | 译

中国青年出版社

本书的使用方法

在本书中，化学元素以"元素都市"居民的身份出场，大家可以从中了解到各种个性丰富的元素的特点及其主要用途。接下来说明一下每页所介绍的内容。

元素序号
表示原子核中质子的数量。

具有这些特色哦！
说明元素的性质及其存在形式等。

具有这些作用哦！
说明元素的用途。

元素符号
全世界通用，用来表示元素的符号。

元素的中文名
元素的汉字和拼音。

元素的英文名
元素的英文名称。

可以变成这种化合物！
介绍该元素与其他元素结合而成的主要化合物。

基本资料

常温的状态：该元素在常温（25℃）下的状态。

原子量：是指以一个碳-12原子质量的1/12作为标准，任何一种原子的平均原子质量跟一个碳-12原子质量的1/12的比值，称为该原子的相对质量。

密度：每立方厘米（1cm³）的质量。

熔点：由固体状态向液体状态转变时的温度。

沸点：由液体状态向气体状态转变时的温度。

发现时间：发现该元素的年份。

它是这种元素哦！
讲解该元素的性质和用途等。

元素的小知识
详细讲解该元素的相关小知识。

目录

欢迎来到元素都市！

2015年12月国际纯粹与应用化学联合会（IUPAC）认定日本理化学研究所为第113号元素的发现者。2016年6月，日本方面提议以与日本国名发音相近的"*Nihonium*"命名这种元素的学名，中文名称为"鉨"（nǐ），元素符号Nh。

我把包括鉨元素在内的118种元素称为"元素都市"的居民，并为大家介绍各个元素家族的成员。元素各有不同的个性，具有共同性质的元素便组成一个"家族"。一旦知道某种元素属于哪一个元素家族，也就能大致了解其基本性质了。下面，我将请"元素都市"的代表人物——第1号元素氢市长来为我们介绍各个元素家族及其成员，请大家愉快地往下看吧！

东京理科大学理学部化学专业教授　宫村一夫

关于元素

我是"元素都市"的市长——氢元素。稍后我将为大家介绍我自己和各位居民，不过在游览元素都市之前，我先说明"了解元素都市的必备知识"。

 构成物质的原子

请注意观察我们身边的物品，比如桌子、椅子、铅笔、橡皮等。这些物品都是由非常微小的粒子构成，这种微粒叫作"原子"。不只是我们身边的物品，生物的躯体、太阳、月亮等也是这样。宇宙中所有的东西都是由原子构成的。

所谓原子，指的是构成物质的微粒。这些微粒分为许多种，而表示原子种类的就叫作"元素"。

在自然界中，原本存在氢、氧等大约90种元素，它们的性质各不相同。再加上近年来出现的人造元素。截至目前，一共有118种元素。

⚛ 构成水的原子 ⚛

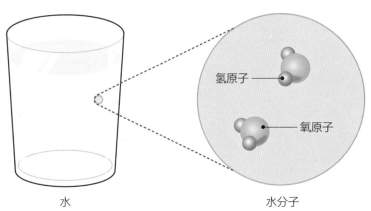

氢原子

氧原子

水

水分子

水是由氢和氧结合构成的物质。两个氢原子和一个氧原子结合，就构成一个水分子。"分子"是具备物质性质的最小单位，如果不存在水分子，那么也就无法形成水的性质。

构成原子的质子、中子、电子

让我们更进一步深入地观察原子吧。在原子的中心是较大的微粒，周围是较小的微粒，后者围绕前者不停地旋转。较大的微粒称为"原子核"，较小的微粒称为"电子"。如果仔细观察原子核，就会发现它是由"质子"和"中子"这两种微粒聚集而成的。元素的不同之处就在于质子数量的不同。质子带正电荷（+），电子带负电荷（−），不过因为质子和电子数量相同，所以原子整体呈不带电的状态。

电子在原子核周围的"电子层"上围绕原子核旋转。电子层有许多层，每层能容纳的电子数量是固定的。

原子的结构（钠原子）

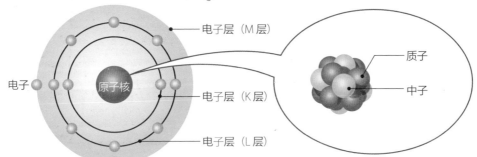

电子层（M层）

电子

原子核

电子层（K层）

电子层（L层）

质子

中子

带电离子

依元素的不同，有的元素是环绕在最外侧电子层的电子移动到别的地方去，有的元素则相反，是外来的电子进到自己最外侧的电子层。因为电子带负电荷，所以当电子减少时，原子呈带正电状态；当电子增加时，原子呈带负电状态。我们把这种状态的原子称为"离子"。

阳离子和阴离子

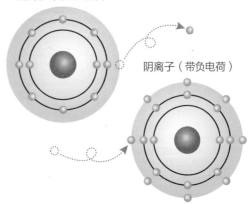

阳离子（带正电荷）

阴离子（带负电荷）

3

1869年，俄国化学家门捷列夫发表了将元素按原子量大小排序的周期表。和现在的周期表不同，门捷列夫的周期表中有许多空栏，预测了还存在未被发现的元素。后来的确陆续发现了当时未发现的元素，20世纪以后甚至能以人工方式制造元素。2004年，日本理化学研究所的研究小组令第83号元素铋和第30号元素锌反复碰撞，成功制造出了第113号元素。2015年12月，国际纯粹与应用化学联合会（IUPAC）正式认定日本理化学研究所为

第113号元素的发现者，因此该研究小组于2016年6月提议将第113号元素命名为"钦"（元素符号Nh）。

H
Hydrogen
qīng
氢 市长

宇宙中最先诞生的元素！

别看我年纪最大，我的精力可是非常充沛的哦。

基本资料

◆ 常温的状态：气体　　◆ 原子量：1.008　　◆ 密度：0.000082 g/cm³

◆ 熔点：−259.16 ℃　　◆ 沸点：−252.879 ℃　　◆ 发现时间：1766年

*本书中化学元素的原子量、密度、熔点、沸点等数据以2021年英国皇家化学学会（ROYAL SOCIETY OF CHEMISTRY）的数据为准，与国内数据会有出入。本书常温指的是20℃。本书各别数据由于未在英国皇家化学学会登载标记为"不详"。

具有这些特色哦！

我就是元素都市的市长氢。虽然我在地球的空气中含量并不高，但在整个宇宙中，我可是总量最多的元素哦！最早的元素诞生于宇宙生成后的38万年后，我就是在那时诞生的，是存在时间最久的元素，所以我才被选为市长。

在所有的元素中，我是最小、最轻的一种。而且我还有一个特征，那就是我的结构极其简单，1个电子围绕在1个质子周围而已。我没有颜色也没有味道。不过我一旦与氧（见P58）混合就容易燃烧，所以一定要小心，因为不知道什么时候就会起火哦！

原来氢市长是结构最简单的元素呢！

具有这些作用哦！

我的能量极其充沛。那个火热耀眼的太阳就是用我当燃料的。我也经常被当作能源使用。

虽然我和氧按一定比例混合后，会发生大爆炸，但是"液体火箭"正是利用这种反应飞向宇宙的。此外，如果我和氧进行较为缓和的反应，就可以产生电，利用这一点可以制造出"燃料电池"这种发电装置。因为发电后的产物只有水，所以被誉为清洁能源，备受人们瞩目。

此外，储存了生物遗传信息的DNA，它是两条以双螺旋结构构成的链，其中起连接作用的就是我哦。

可以变成这种化合物

水先生

水先生是我和氧先生结合而成的化合物。分子式是H_2O。以人体的构成来说，成年人的身体约有60%是水，儿童约有70%是水，人体生存所需的各种反应就是在水中进行的。此外，据说地球上最早的生命也是诞生于水中的。如果没有水，任何人都不能生存下去。因此，是一种非常重要的化合物。

碱金属家族

钠女士 ⑪

锂先生 ❸

钾先生 ⑲

碱金属家族按从轻到重的顺序，依次是锂先生、钠女士、钾先生、铷女士、铯先生、钫女士，共6名成员。

碱金属家族的元素均容易与水或氧发生反应。只要放在空气中，它们就会自行发生反应。它们最外侧的电子层上只有1个电子。虽然只有1个电子，它们却很不安分，总想把这个电子释放出去，真是拿它们没办法呀！总之，碱金属家族元素都是急性子。因此，它们很容易发生化学反应。元素序号越大，就越容易发生化学反应。为了避免发生化学反应，保管时必须将它们放在石

铷（rú）女士 ③⑦

铯（sè）先生 ⑤⑤

钫（fāng）女士 ⑧⑦

油里。也许它们讨厌搞得浑身油腻腻的，但是如果不这样做，这些元素很快就会变成另一种物质，所以这也是没有办法的事情啊！

提到"金属"，你可能觉得它们很硬吧？但是碱金属家族的元素非常柔软，用一把小刀就能削动。它们还有一种特点，那就是一旦被放入火中，就会产生非常美丽、耀眼的光芒。

碱金属家族的元素都非常轻，这也是它们的共同性质。

³Li Lithium

lǐ 锂先生

在电池材料界非常受欢迎！

智能手机能够工作，都是我的功劳。

基本资料

◆常温的状态：固体　　◆原子量：6.94　　◆密度：0.534 g/cm³

◆熔点：180.50 ℃　　◆沸点：1342 ℃　　◆发现时间：1817年

具有这些特色哦！

锂先生不仅是碱金属家族中最轻的元素，而且在众多金属元素中，它也是最轻的。令人意想不到的是，锂先生虽然是金属元素，却可以浮在水面上。但是，它一旦接触水，就会一边产生我（氢），一边溶解，所以它大概也不太想进到水里吧。

锂先生非常柔软，用小刀就能切开。

当接触火时，它会产生深红色的光。如今各种地方都会用到锂先生，但获取量却很少。不过，海洋中有很多，人们正在研究从海水中提炼锂先生的方法。

> 它非常轻，能够浮在水面上。

具有这些作用哦！

锂先生就活跃在我们的身边。比如，便携式游戏机、智能手机等设备中的锂离子电池就使用了它。锂离子电池是一种小型电池，能够高效率地发电。

利用锂先生制造出的化合物碳酸锂，被用于治疗抑郁狂躁型忧郁症。此外，氢氧化锂能够吸收二氧化碳，所以在国际空间站，它被用在去除二氧化碳的辅助装置上。

如果在其他金属中加入少量的锂先生，就可以制造出合金。例如加入镁（见P25）而制成的镁锂合金，既轻便又坚固。

元素的小知识

焰色反应和烟花

如同锂先生投入火中就出现深红色火焰一样，有的元素放入火中，会发出该种元素特有颜色的火焰，这叫作"焰色反应"。不仅是碱金属家族元素和碱土金属家族元素，铜先生（见P85）等元素也有一样的现象。钠女士（见P14）的焰色是黄色，钾先生（见P15）的焰色是紫色，钙先生（见P20）的焰色是橙色，锶（sī）先生（见P22）的焰色是红色，钡（bèi）女士（见P23）的焰色是绿色，铜先生的焰色是青绿色。美丽的烟花就是利用这种反应做出来的。

11
Na
Sodium

钠女士

构成食盐
的元素！

家务活可少
不了我帮忙哟！

基本资料

◆ **常温的状态：** 固体
◆ **原子量：** 22.990
◆ **密度：** 0.97 g/cm³
◆ **熔点：** 97.794 ℃
◆ **沸点：** 882.940 ℃
◆ **发现时间：** 1807年

它是这种元素哦！

钠女士也是一种能够浮在水面上的轻金属元素。但是把钠女士放进水里会爆炸，所以要注意。另外将钠女士投入火中会发出黄色火焰。在地球表面的地壳和海洋中存在许多钠女士构成的化合物。

钠化合物中最有名的要数与氯先生（见P68）结合而成的食盐。此外小苏打、肥皂等物质中也含有钠女士。小苏打可用作饼干膨松剂。可以说，钠女士是一种对家务很有帮助的元素。

人体中也存在很多钠女士，它对调整身体中的水分和肌肉收缩等，起到了十分重要的作用。

19 K
Potassium

jiǎ
钾 先生

肥料的
三要素之一!

我喜欢培育植物。

基本资料

◆ **常温的状态：**固体
◆ **原子量：**39.098
◆ **密度：**0.89 g/cm³
◆ **熔点：**63.5 ℃
◆ **沸点：**759 ℃
◆ **发现时间：**1807年

它是这种元素哦!

钾先生只要放置在空气中就会起火，由此得知它具有非常容易发生化学反应的特性，投入火中则有紫色的焰色。钾化合物可用于制作火药、烟花等。

钾先生擅长培育植物，它是植物生长不可缺少的元素。钾和氮先生（见P50）、磷先生（见P52）并列为肥料三要素。可以说它们是元素都市中的农民。

除此之外，它还和钠女士一起参与调整人体中的水分，负责传递神经细胞的信号等，从事着对人体来说非常重要的工作。

rú
铷女士

我知道岩石形成的时代哦。

基本资料

◆ 常温的状态：固体
◆ 原子量：85.468
◆ 密度：1.53 g/cm³
◆ 熔点：39.30 ℃
◆ 沸点：688 ℃
◆ 发现时间：1861年

它是这种元素哦!

　　与碱金属家族的其他成员一样，铷女士也是一种非常柔软的轻金属元素，不过它可不能浮在水面上哦。

　　铷女士在电磁波的照射下，会产生有规律的变化。利用这一点，可以做出原子钟。据说原子钟的精确程度可以达到1年仅有0.1秒的误差。使用铷女士制造而成的原子钟比较便宜，所以也被用在GPS接收机上。

　　有的铷女士（铷-87）具有放射性，利用这种性质可以测出岩石的形成年代。铷女士简直是一名考古学家呢。

55 Cs
Caesium

sè
铯 先生

"1秒"的定义
由此而来！

基本资料

- ◆ 常温的状态：固体
- ◆ 原子量：132.905
- ◆ 密度：1.873 g/cm³
- ◆ 熔点：28.5 ℃
- ◆ 沸点：671 ℃
- ◆ 发现时间：1860年

它是这种元素哦！

　　铯先生是碱金属家族中最容易发生化学反应的元素。把它投入水中就会发生大爆炸，甚至只是放置在空气中，它也会自燃。

　　使用铯先生制造而成的原子钟非常准确，30万年才会有1秒左右的误差。铯先生产生的规律性的变化在国际上被定义为"1秒"。

---

87 Fr
Francium

fāng
钫 女士

最后被发现
的天然元素！

基本资料

- ◆ 常温的状态：固体
- ◆ 原子量：223
- ◆ 密度：不详
- ◆ 熔点：21 ℃
- ◆ 沸点：650 ℃
- ◆ 发现时间：1939年

它是这种元素哦！

　　钫女士在地球上的储量极少，据说整个地球只有15克左右的储量。钫女士具有一个大众知晓的特性，那就是它在释放放射线时，很快会衰变为锕先生（见P81）。因为发现者的出生地是法国，所以就为它取了一个和法国有关的学名。

碱土金属
家族及其他

钙先生 [20]

锶先生 [38]

钡女士 [56]

碱土金属家族元素的共同特点是最外侧电子层上有两个电子，而且它们总想释放出这两个电子，变为阳离子。与最外侧电子层只有一个电子的碱金属家族相比，释放两个电子要相对困难一些。换句话说，碱土金属家族不像碱金属家族那样性急，不过惹怒了它们也很可怕哦。因为它们是一群很容易起反应的元素，都能与空气和水发生反应。

成员按照从轻到重的顺序，依次是钙先生、锶先生、钡女士、镭先生。这4种元素遇火都会发生焰色反应，这一点与碱金属家族类似。

但是，与碱金属家族相比，碱土金属家族元素的沸点和熔点要高得多。例如，用钙先生和钾先

镁先生 ⑫

镭先生 ⑧⑧

铍先生 ④

生来比较，钾先生的沸点是759 ℃，而钙先生的沸点是1484 ℃；钾先生的熔点是63.5 ℃，而钙先生的熔点是842 ℃。

　　同时在这里介绍的还有铍先生和镁先生，虽然它们最外侧电子层也有两个电子，但它们不属于碱土金属族。与前4名成员不同，这两种元素与常温下的水不会发生反应，所以在性质上有些不同。

20
Ca
Calcium

gài
钙先生

骨骼和牙齿的主要成分！

如果我的含量不足，骨骼会变得脆弱哦。

基本资料

◆常温的状态：固体　　◆原子量：40.078　　◆密度：1.54 g/cm³

◆熔点：842 ℃　　◆沸点：1484 ℃　　◆发现时间：1808年

具有这些特色哦！

钙先生作为骨骼和牙齿的主要成分而广为人知。在地壳蕴含的金属元素中，钙先生的含量仅次于铝先生（见P36）和铁先生（过渡金属家族）。钙以化合物形式大量存在于石灰岩中。

把钙先生投入火中会呈现橙色焰色，放入水中则会一边产生我（氢），一边溶解。另外，因为放置在空气中会与氧先生发生反应，所以化合物非常多。

人体中有很多钙先生，成年人体内约有1千克。如果人体缺少钙先生，就有可能患上"骨质疏松症"这种疾病。

钙先生是人体必需的元素哦。

具有这些作用哦！

活跃在人体中的钙先生在骨骼和牙齿中以磷酸钙等化合物的形式发挥着作用。血液等人体构成中也含有钙先生，如果含量不足，骨骼就会释放出钙先生来补充，这样一来，骨骼中的钙先生就会不足。大家可要注意这一点哦。

用来给游泳池消毒的漂白粉其实是钙先生与氯先生、氧先生形成的化合物。被称作熟石灰的氢氧化钙在牧场等地被当作消毒药使用。发生禽流感时，洒在鸟舍中的白色粉末就是熟石灰。

贝壳、珊瑚礁等主要由碳酸钙这种化合物构成，石灰岩就是由这些生物的外壳堆积而成的。

可以变成这种化合物

碳酸钙先生

碳酸钙先生是钙先生与碳先生（见P42）、氧先生结合而成的化合物。钟乳石洞就是碳酸钙形成的石灰岩地基受富含二氧化碳的雨水或地下水侵蚀而形成的洞穴。水滴从洞穴顶部滴落时，水滴中的碳酸钙就会沉淀下来，从而形成了石柱和石笋状的钟乳石。

38
Sr
Strontium

sī
锶先生

基本资料

◆ 常温的状态：固体
◆ 原子量：87.62
◆ 密度：2.64 g/cm³
◆ 熔点：777 ℃
◆ 沸点：1377 ℃
◆ 发现时间：1790年

我可以活跃烟花
大会的气氛！

它是这种元素哦！

锶先生是一种非常柔软的金属元素，投入火中就会出现红色的焰色。所以被用于制作烟花或发烟筒等。这种焰火是鲜艳的红色，因此锶先生在烟花中特别抢眼。

与同家族的钙先生相似，锶先生也存在于人体的骨骼中。一般情况下，不会有什么害处，但是如果是具有放射性的锶先生的话，就会损伤周围的骨骼。虽然它有危险的一面，但利用这种性质可以用来治疗骨癌，因为它会消灭癌细胞哦。

在自然界中，有种叫"天青石"的蓝色结晶状矿物，其中就含有锶先生。

56 Ba Barium

bèi 钡 女士

身体检查的好助手！

基本资料

◆ 常温的状态：固体
◆ 原子量：137.327
◆ 密度：3.62 g/cm³
◆ 熔点：727 ℃
◆ 沸点：1845 ℃
◆ 发现时间：1808年

碱土金属家族及其他

它是这种元素哦！

将钡女士投入火中，它会发出绿色的光。它被用于体检时对胃部进行的检查，人们喝下的白色液体就是名为硫酸钡的化合物。因为X射线很难通过硫酸钡，所以胃的内部形态就会在照片上呈现出白色。

在沙漠中，含有钡女士的化合物有时会形成蔷薇状的石头哦。

88 Ra Radium

léi 镭 先生

居里夫人发现的元素！

基本资料

◆ 常温的状态：固体
◆ 原子量：226
◆ 密度：5 g/cm³
◆ 熔点：696 ℃
◆ 沸点：1500 ℃
◆ 发现时间：1898年

它是这种元素哦！

镭先生是居里夫人发现的放射性金属元素。镭先生会一边释放出放射线，一边衰变为氡先生等元素。所以在自然界中几乎不存在镭先生。

氯化镭这种化合物在暗处会发出绿光，曾经被使用在夜光涂料等方面。但是氯化镭会损害人体健康，所以现在已经不再使用了。

4
Be
Beryllium

pí
铍 先生

基本
资料

◆ **常温的状态**：固体
◆ 原子量：9.012
◆ 密度：1.85 g/cm³
◆ 熔点：1287 ℃
◆ 沸点：2468 ℃
◆ 发现时间：1797年

虽然我有毒，但是
请不要讨厌我哦。

它是这种元素哦！

　　铍先生存在于祖母绿及形成海蓝宝石的绿柱石类矿物中。它的毒性很强，如果进入肺部可能会导致肺癌。

　　不过，如果向铜先生中加入少量的铍先生，铜先生的强度就会变为原来的好多倍哦，这种铍铜合金被用来制造锤子等工具。

　　此外，詹姆斯·韦伯太空望远镜的主镜材料中也使用了铍先生。因为宇宙中的温度低，但是铍先生在这种低温环境下也不会变形，所以被当作制作材料使用。

12
Mg
Magnesium

měi
镁先生

植物光合作用必要的元素！

基本资料

◆ **常温的状态：** 固体
◆ **原子量：** 24.305
◆ **密度：** 1.74 g/cm³
◆ **熔点：** 650 ℃
◆ **沸点：** 1090 ℃
◆ **发现时间：** 1755年

我是卤水的主要成分哦。

它是这种元素哦！

镁先生是比铝先生还要轻的轻金属，遇火会发出闪光。飞机、汽车的重量越轻，所消耗的燃料就越少，所以人们往往采用镁合金作为材料。此外，在凝固豆腐时使用的"卤水"就是氯化镁，这也是镁先生的化合物哦。

镁先生还是生物必需的元素，对于植物而言尤其重要。植物吸收阳光，通过光合作用制造养分。叶绿素是进行光合作用时不可缺少的成分，在叶绿素中就含有镁先生哦。

锌家族

锌先生 30

锌家族在最外侧电子层有两个电子，这一点与碱土金属家族一样。但是这两个家族的性质可不相同哦。

即便同为锌家族，各个元素的性质也有许多不同。成员按从轻到重的顺序，依次是锌先生、镉先生、汞先生，共3名。其中锌先生和镉先生在常温下是固体状态，唯有汞先生是液体状态。常温下呈液体状态的元素非常稀少，在所有元素中仅有两种元素是这样的，另一种是卤素家族的溴女士（见P69）。

不同的地方不止这一点。锌先生活跃于人体中，可以帮助人们的味觉保持在正常的状态，而镉

镉（gé）先生 48

汞先生 80

先生和汞先生对人体来说是有毒的，需要加以注意。日本的"四大公害病"造成了众多受害者，其中"痛痛病"是由镉先生引起的，"水俣病""第二水俣病"是由汞先生引起的。

　　说到共同点，那就是它们的沸点都很低，是容易蒸发的金属。另外熔点也很低，汞先生的熔点甚至只有−38.829 ℃！这在金属当中是非常低的了。

　　因为锌家族容易蒸发，所以把它们记成流浪成性的家族就很容易理解啦。

30
Zn
Zinc

xīn
锌先生

用镀锌保护
钢材！

我使人们的味觉
维持正常状态哟。

基本
资料

◆**常温的状态：**固体　◆**原子量：**65.38　◆**密度：**7.134 g/cm³

◆**熔点：**419.527 ℃　◆**沸点：**907 ℃　◆**发现时间：**1746年

具有这些特色哦!

锌先生的日文名字"亚铅"和铅先生（见P47）非常相似，但它们可是完全不同的金属元素哦。锌先生是人体不可缺少的元素。人体中有一种名叫"酶"的分子，能够促进各种化学反应。如果没有酶，那么反应就不会进行下去，那样的话人们可就要伤脑筋喽。锌先生存在于各种酶中，是非常重要的元素。如果人体内锌先生的含量不够，人就会无法感觉到食物的味道，引发味觉障碍，所以最好别出现这种问题。

此外，小钚就是锌先生和铋女士（见P55）碰撞后产生的元素。可以说，锌先生和铋女士是小钚的爸爸、妈妈。

> 对我来说，锌先生和铋女士就是我的爸爸和妈妈呢。

具有这些作用哦!

锌先生活跃在镀锌板以及合金中，就是指把锌先生镀在铁先生的表面形成的合金。锌先生不仅在平时保护着铁先生，在白铁皮表面受损时，破损部位周围的锌先生会被释放出来，防止铁先生受到侵蚀。可以说，锌先生是牺牲了自己来保护铁先生的。

作为一种金属，因为锌先生的熔点比较低，所以在制造合金时易于加工。加入锌先生的话，合金会更耐冲击。锌先生和铜先生形成的合金叫作黄铜，小号等管乐器就是用黄铜制成的，5日元硬币的材料中也用到了黄铜。

锌先生容易离子化，所以也被用来制作干电池的负极。

可以变成这种化合物

氧化锌先生

氧化锌先生是锌先生与氧先生结合后形成的化合物。就像它的名字一样，它是锌先生被氧化后形成的物质，是一种白色的粉末，所以也被称为锌白、锌白粉。除了用于制作白色的油漆或颜料外，因为它能够阻挡紫外线，所以也被用在纤维及化妆品等方面。此外，氧化锌还能够抑制炎症，所以皮肤药也用得到它。

48
Cd
Cadmium

gé
镉先生

"痛痛病"的
致病原因！

画家莫奈非常喜欢
用我制成的颜料哦。

基本资料
◆ 常温的状态：固体
◆ 原子量：112.414
◆ 密度：8.69 g/cm³
◆ 熔点：321.069 ℃
◆ 沸点：767 ℃
◆ 发现时间：1817年

它是这种元素哦！

　　镉先生的性质与锌先生（见P28）相似，也被用在电镀方面。镉先生的抗腐蚀效果要强于锌先生。

　　利用镍先生（过渡金属家族）和镉先生，可以制造出镍镉电池。镉先生也被用于制造名为镉黄的颜料，但是因为镉先生对人体有害，所以现在的使用受到了限制。日本有名的"四大公害病"中的"痛痛病"，就是由矿山排出的镉先生进入河中造成的。此外，据说著名画家莫奈非常喜欢使用镉黄。

80
Hg
Mercury

gǒng
汞 先生

大家都说我
有点怪。

**基本
资料**

◆ **常温的状态:** 液体
◆ **原子量:** 200.592
◆ **密度:** 13.5336 g/cm³
◆ **熔点:** −38.829 ℃
◆ **沸点:** 356.619 ℃
◆ **发现时间:** 不详

它是这种元素哦!

汞先生是一种在常温下呈银色液体状态的金属。虽然是金属,常温下却是液体状态,是不是很奇怪呢?因为汞先生的表面张力很大,所以呈现出圆溜溜的形状。

据说在很久以前,有些中国人把汞先生当成长生不老的药。但是,对人体来说,汞先生实际上是一种毒药。日本20世纪50年代以来的公害问题水俣病就是由汞先生引起的。

另外,温度上升时,汞先生膨胀的比例大,而且膨胀的比例不因温度的变化而改变,所以也被使用在温度计等方面。

在今天,我们身边的荧光灯中也使用着汞先生呢。

硼家族

硼先生 ❺

铝先生 ⓭

硼家族包括5位元素，成员按从轻到重的顺序，依次是硼先生、铝先生、镓先生、铟先生、铊先生。

这5位元素的最外侧电子层上都有3个电子。但是，硼家族元素的相似性质较少，特别是硼先生，它的个性尤为突出。人们称介于易导电的金属和不易导电的非金属之间的物质为"半导体"。在硼家族中，唯有硼先生是具有半导体性质的半金属。其余4位都是金属，都比较柔软。

硼家族中的成员大概已经广为人知了，特别是铝先生，想必大家都很熟悉吧？地壳中储量最多的金属就是铝先生。在我们的生活中，铝先生也随处可见，估计大家早已有所耳闻了。从某种角度

镓（jiā）先生 ③①

铟（yīn）先生 ④⑨

铊（tā）先生 ⑧①

上来说，硼家族是和人类十分亲近的家族。

　　此外，硼先生被用于制造耐热玻璃，镓先生和铟先生则被用在电器商店里的各种常见电器产品中。

5 B
Boron

péng
硼先生

坚硬且抗火耐热！

我应该是元素都市的"消防员"吧。

基本资料

◆常温的状态：固体　◆原子量：10.81　◆密度：2.34 g/cm³

◆熔点：2077 ℃　◆沸点：4000 ℃　◆发现时间：1808年

具有这些特色哦！

硼先生是一种具有黑色金属光泽的半金属。自然界中，它不是以单质的形式存在，而是以硼砂等矿物的形式存在。提到硼砂，大家是不是想起了什么？在学校等场所的科学实验中，将衣物柔顺剂和硼砂混合，就可以制造出史莱姆。单质的硼先生的坚硬程度仅次于钻石，大家是不是感到很意外呢？

此外，硼先生是植物生长不可或缺的元素之一。因为植物在生成细胞壁时就需要硼先生。2010年获得诺贝尔化学奖的日本的铃木章博士，就是凭借对有机硼化合物的研究而获奖的。

铃木博士的发明被用于药物或液晶等的制造。

具有这些作用哦！

说到硼先生，它在制造耐热玻璃的领域非常活跃。普通玻璃如果突然遇到热水，或者注入非常冷的水，会因为膨胀和收缩而破裂。然而加入了硼先生的玻璃，其膨胀和收缩的比例大大缩小，因而不易破裂。

此外，硼先生和其他金属结合而成的化合物很耐热，火箭的喷嘴中就使用了硼化合物。硼先生是一种耐火、耐热的元素。

利用硼先生制造出的硼纤维因其既轻便又坚韧的性能，应用于航空航天领域，制造战斗机的部分机体。

可以变成这种化合物

硼酸 先生

硼酸先生是硼先生、氧先生(见P58)与我(氢)结合形成的化合物。最有名的用法就是制作成硼酸丸子,可用于杀灭蟑螂。虽然市面上可以买到硼酸丸子,但如果材料齐备的话,自己也能制造出来。此外,硼酸也可用在人类身上,当然不是为了消灭人类,而是利用它的杀菌效果来制作眼部消毒药等药品。

Al
Aluminium

lǚ
铝先生

我对大家的生活很有帮助哦。

基本资料

◆ 常温的状态：固体
◆ 原子量：26.982
◆ 密度：2.70 g/cm³
◆ 熔点：660.323 ℃
◆ 沸点：2519 ℃
◆ 发现时间：1825年

它是这种元素哦!

我们身边的许多物品，比如1日元硬币或铝罐等，都使用了铝先生。铝先生与其他金属结合而成的合金非常轻便且坚固，所以被用于飞机或汽车的制造。此外，铝先生的导电性很好，所以被用作输电线。因为容易导热，所以也被使用在锅具上。由此可知，铝先生是一种支撑着我们日常生活的元素。

地壳中的元素按储量排序，最多的是氧先生，其次是硅女士（见P44），铝先生排第三位。如果只看金属元素的话，铝先生的储量是最多的。铝先生蕴含在一种名为"铝土"的矿石中，但是从铝土中提炼出铝先生需要消耗很多电力，所以大家一定要重视对铝罐的循环再利用哦。

31 Ga
Gallium
jiā
镓先生

我活跃在LED界
当中哦。

基本资料

◆ 常温的状态：固体
◆ 原子量：69.723
◆ 密度：5.91 g/cm³
◆ 熔点：29.7646 ℃
◆ 沸点：2229 ℃
◆ 发现时间：1875年

它是这种元素哦！

镓先生的熔点很低，在金属中，有汞先生（见P31）、铯女士（见P17）和铷先生（见P17）的熔点比镓先生低。如果把镓先生拿在手中，它就会熔化。

说到镓先生活跃的地方，那就是发光二极管（即LED，Light Emitting Diode）了，其中使用了镓先生与砷先生（见P53）结合而成的化合物砷化镓，以及镓先生与氮先生（见P50）结合而成的化合物氮化镓。LED通电后会发光，不仅消耗的电力较少，还具有许多优点，因此应用在照明、交通信号灯等方面。砷化镓也被用于制造可以读写DVD的半导体激光器。

49
In
Indium

yīn

铟先生

在液晶
显示器中
非常活跃!

基本资料

◆ **常温的状态**：固体
◆ **原子量**：114.818
◆ **密度**：7.31 g/cm³
◆ **熔点**：156.60 ℃
◆ **沸点**：2027 ℃
◆ **发现时间**：1863年

我的拉丁文学名来
自于牛仔裤的染料
"靛蓝"。

它是这种元素哦!

说到铟先生近期的活跃舞台，大概要数液晶显示器了吧！铟先生被用于制造电器商店中常见的商品，比如电视、智能手机、平板电脑等。

液晶显示器需要透明而能导电的零件（透明电极），其材料中就使用了铟先生和锡先生（见P46）与氧先生结合而成的化合物——氧化铟锡。

但是，铟先生的开采量很少，所以回收再利用就显得尤其重要。实际上人们正在研究不使用铟先生的透明电极，但是铟先生本人还不知道这件事哦。

81
Tl
Thallium

tā
铊 先生

虽然有毒，但是对身体检查有帮助！

> 在希腊语中，我的名字意味着"嫩绿的小树枝"。

它是这种元素哦！

铊先生的名字是"嫩绿的小树枝"的意思，它是一种能用小刀切开的柔软金属。将铊先生投入火中会发出绿光，看起来就像是嫩绿的树枝。

事实上，铊先生对人体来说是有毒的，它会干扰对人体非常重要的钾先生发挥作用。此外，硫酸铊等化合物的毒性也很强，过去曾被用于驱除老鼠或害虫，但是因为太过危险，现在已经不再使用了。

虽然铊先生对人体有害，但是因为它具有微弱的放射性，所以可用于对心肌细胞的检查。因为只使用微量的放射线，所以对人体没有什么影响。

碳家族

碳先生 ❻

硅女士 ⑭

　　碳家族的5位成员在其最外侧电子层上都有4个电子。碳家族元素都是非金属，随着原子量的增大，其金属性质也会越来越显著。硅女士和锗女士属于具有半导体性质的半金属，锡先生和铅先生则属于金属。这一家族的性质各不相同，几乎没有什么相似点。

　　碳家族的元素们，不是支撑着现代社会的高科技技术，就是从以前就一直支撑着电子产业。所以，碳家族元素就如同元素都市中值得夸耀的博士和研究人员。

　　碳先生除了可以用来制造塑料，单质的碳先生还可以用来制造钻石、石墨、碳纳米管等。它们的性质各不相同，在各个领域发挥才能。硅女士是电脑、智能手机等电子设备中不可缺少的半导体

铅先生 ⑧

锡先生 ⑤

锗（zhě）女士 ㉜

原料。硅的英文是"Silicon"，聚集了尖端企业的美国加利福尼亚州北部则被称为"硅谷"。锗女士活跃在名为"晶体管"的半导体零件领域中。锡先生则作为"焊料"用于将电子零件安装至电路板上。除此之外，铅先生也可以用作焊料呢。

6
C
Carbon

tàn
碳 先生

构成石墨和
钻石的元素！

使用我制造出的碳纳米管备受人们的瞩目。

◆常温的状态：固体　◆原子量：12.011　◆密度：3.513 g/cm³

◆熔点：3825 ℃　◆沸点：3825 ℃　◆发现时间：不详

*密度、熔点、沸点均为钻石形态下碳的数据。

具有这些特色哦！

碳先生既可以构成钻石，又可以构成石墨。石墨是铅笔芯的原料。闪闪发光的钻石和黑漆漆的石墨都是由碳先生一个人构成的哦。

此外，对人体来说，碳先生是一种非常重要的元素。在人体内，碳先生的含量仅次于氧先生。人体中约18%的元素是碳先生哦。制造人体的蛋白质和脂肪、遗传

基因DNA也是碳化合物。食物中的营养成分也包含很多碳化合物。人们摄入碳化合物，然后再制造出身体必要的其他碳化合物。

附带一提，石油和煤炭就是由很久以前的动植物遗体中的碳化合物变化而来的。

碳化合物对生物来说非常重要哦。

具有这些作用哦！

维持着生物生命的碳先生，活跃在各种领域里。

大家知道碳化合物中的塑胶、塑料瓶来自于石油吗？此外，以碳先生为原料制造的线状物质被称为"碳纤维"，这是一种比铝先生还轻、比铁先生还坚韧的物质。使用碳纤维制成的物品，包括飞机、汽

车、网球拍等，应用的范围非常广。

使用碳先生制造而成的碳纳米管也备受人们瞩目。无论如何弯曲碳纳米管也不会折断，而且它还能够导电、导热，人们期待它在各种领域大显身手。

元素的小知识　**碳先生的同素异形体**

铅笔芯中的石墨和宝石中的钻石，两者无论是外观还是性质都完全不同，但是它们都是由碳先生的原子构成的，是不是很不可思议呢？这是由于原子的排列方式不同而导致的。像这样由同一种元素组成，然而原子的排列方式不同的物质，称为"同素异形体"。碳先生的同素异形体有数种，碳纳米管也是其中之一。在碳纳米管中，原子排列成了管状，所以既坚韧又富有弹性。

14 Si
Silicon

硅女士 (guī)

使用在大规模集成电路（LSI）中！

基本资料

◆ 常温的状态：固体
◆ 原子量：28.085
◆ 密度：2.3296 g/cm³
◆ 熔点：1414 ℃
◆ 沸点：3265 ℃
◆ 发现时间：1824年

我作为半导体材料支撑着现代社会哦。

它是这种元素哦！

在地壳中，硅女士是储量仅次于氧先生的元素。在石头和沙子中，蕴含着大量的硅化合物，比如硅女士与氧先生结合而成的二氧化硅，水晶的主要成分就是二氧化硅。

硅女士具有半导体的性质。半导体是一种随着电压大小的变化而通电或断电的物质。硅女士是电脑等设备里大规模集成电路（LSI）中不可缺少的材料。

其次，硅女士和碳先生结合而成的硅树脂被用来制造软式隐形眼镜。硅女士的英文名是"Silicon"，而硅树脂的英文名是"Silicone"，只差一个字母哦。

32
Ge
Germanium

zhě
锗 女士

用于制造
晶体管！

我撑起了早期的
电子产业哦。

基本资料

◆ **常温的状态**：固体
◆ **原子量**：72.630
◆ **密度**：5.3234 g/cm³
◆ **熔点**：938.25 ℃
◆ **沸点**：2833 ℃
◆ **发现时间**：1886年

它是这种元素哦！

锗女士是半金属，具有半导体的性质。近年来说到半导体，通常是以硅女士为代表，但是初期的时候锗女士才是主角。1947年开发出的半导体零部件"晶体管"中就已经使用了锗女士。

锗女士现在也活跃在红外线照相机的镜头中。与普通玻璃不同，红外线镜头使用了锗女士和氧先生的化合物——氧化锗，它不会吸收红外线，因而能够捕捉到红外线。因此，现在需要锗女士帮忙的地方还很多呢。

50
Sn
Tin

xī
锡 先生

我是一种容易加
工的金属元素。

基本资料

◆ 常温的状态：固体
◆ 原子量：118.710
◆ 密度：7.287 g/cm³
◆ 熔点：231.928 ℃
◆ 沸点：2586 ℃
◆ 发现时间：不详

它是这种元素哦！

锡先生是一种很早就广为人知的金属，常被用在合金或电镀方面。锡先生与铜先生的合金被称为青铜，这是人类最早使用的合金。锡先生容易加工，所以即使在今天，仍被广泛应用。比如10日元硬币中就含有少量的锡先生。

大家听说过"马口铁"吗？所谓马口铁，就是用锡先生镀在铁先生表面制造而成的钢板。罐头或旧式玩具中就使用了马口铁。

另外，将电子零部件安装至基板上时使用的"焊料"，以及液晶显示器的透明电极中都使用了锡先生。在电子产业中，锡先生还是相当活跃呢。

82
Pb
Lead

qiān
铅 先生

最近我有点招人嫌，不过我一直活跃着呢。

用来制造汽车的电池!

基本资料

◆ **常温的状态**：固体
◆ **原子量**：207.2
◆ **密度**：11.3 g/cm³
◆ **熔点**：327.462 ℃
◆ **沸点**：1749 ℃
◆ **发现时间**：不详

它是这种元素哦!

铅先生是人类很早以前就开始利用的金属之一。据说在公元前3400年左右，埃及人就已经开始使用铅先生了，大概是因为铅先生质地柔软而易于加工吧。

但是对人体来说，铅先生是有毒的物质。如果在人体内积累了一定分量的铅先生，就会导致铅中毒。以前的人擦在脸上的香粉、焊锡等材料中曾经使用过铅先生，现在都已经停止使用了。

如今铅先生还活跃在汽车电池——铅蓄电池中。此外，因为X射线等放射线无法穿透铅先生，所以铅先生也被用于需要阻挡放射线的地方。

氮家族

氮先生 7

磷先生 15

　　氮家族元素的共同特点是最外侧电子层上有5个电子，但是其外观和性质各不相同。按照从轻到重的顺序，氮家族元素包括氮先生、磷先生、砷先生、锑女士和铋女士。

　　在常温下，只有氮先生呈气体状态，包括磷先生在内的其他4位成员都呈固体状态。氮先生和磷先生属于非金属，而砷先生、锑女士、铋女士则是半金属。

　　虽然家族之中最出名的元素或许是氮先生和磷先生，但事实上每一位成员都很早就被人们认识了。氮家族元素中最晚被发现的元素居然是氮先生。

　　氮家族的共同特点就是每位成员都与生物有关。特别是氮先生和磷先生，它们不但是人体的必

砷（shēn）先生 33

锑（tī）女士 51

铋女士 83

要元素，而且对植物来说也非常重要。它们以及碱金属家族中的钾先生合在一起，被誉为"植物的三大营养成分"，大家要牢牢记住哦。

　　砷先生和锑女士虽然对人体有毒，但是人体又需要极微量的砷先生，而铋女士被用于制造医药用品。

　　也许可以说，这个家族是医学世家呢。

氮先生

dàn

在大地、植物和动物间不断循环！

我在大气中的含量很高哦。

基本资料

◆常温的状态：气体　◆原子量：14.007　◆密度：0.001145 g/cm³

◆熔点：-210.0 ℃　◆沸点：-195.795 ℃　◆发现时间：1772年

具有这些特色哦！

氮先生是大气中含量最多的元素，约占大气的78%，是无色无味的。在大气中，氮先生以两个原子的分子状态存在着，氮分子的特征是基本不同其他物质发生反应。

氮先生同时也是蛋白质的成分，它是人体里不可缺少的元素。虽然大气中有大量的氮先生，但是人体并不能从大气中把氮先生吸收到体内，必须先由土壤中的细菌制造出名为氨的氮化合物，植物吸收了氨之后，制造出氨基酸等物质，人们再摄取植物，这样才能把氮先生吸收到体内。对植物来说，氮先生也是一种不可缺少的元素呢。

听说氮先生也被当成肥料的成分使用哦。

具有这些作用哦！

炸药的原料之一硝酸甘油，就是氮化合物。硝酸甘油既可以用来做炸药，又可以用来做治疗"心绞痛"这类心脏病的药品。因为硝酸甘油在人体中能形成一氧化氮，发挥扩张血管的作用。

在商店里销售的糖果或罐头等食品中，有的就填充了氮先生，这是为了防止食物因氧化而变味。

氮先生的沸点很低，约为-196℃。液氮被用作冷却物体的冷却剂。因为液氮的价格比较低，所以常被用在食品冷冻等方面。

可以变成这种化合物

氨先生

氨先生是由1个氮先生的原子和3个我（氢）的原子结合而成的化合物。在常温下，氨是具有刺鼻气味的无色气体，易溶于水。氨常被用作肥料的原料。虽然人体也会生成氨，但是对人体来说，氨是不需要存在的有毒成分。所以体内的氨会在肝脏里转化为尿素，以尿液的形式排出休外。

15
P
Phosphorus

lín
磷 先生

用来制作火柴
的点火剂!

动物也好，植物
也好，都不能没
有我。

◆ 常温的状态：固体
◆ 原子量：30.974
◆ 密度：1.823 g/cm³
◆ 熔点：44.15 ℃
◆ 沸点：280.5 ℃
◆ 发现时间：1669年

它是这种元素哦!

磷先生是在尿液蒸发后留下的残渣中发现的元素。磷先生是随着尿液一起被排出体外的。

对人体来说，磷先生是一种很重要的元素，磷先生与钙先生相结合，是制造骨骼及牙齿的主要成分。此外，磷先生还参与了DNA和ATP的制造，而ATP是在人体中存储及搬运能量的分子。对植物来说，磷先生也是十分重要的元素，是"植物的三大营养成分"之一哦。

磷先生有数种同素异形体：白磷先生、红磷先生和黑磷先生。白磷先生有毒，在50℃左右的环境中会自燃。红磷先生无毒，使用在火柴盒上。

33
As
Arsenic

^{shēn}
砷 先生

有名的毒物！

嘿嘿嘿！我有毒，但我也是药哦。

基本资料

◆ 常温的状态：固体
◆ 原子量：74.922
◆ 密度：5.75 g/cm³
◆ 熔点：616 ℃
◆ 沸点：616 ℃
◆ 发现时间：不详

它是这种元素哦！

　　砷先生是一种有毒的半金属，所以砷化合物也多半有毒。从古至今，许多毒杀案件中都出现了砷化合物的身影。但是，它也被用作药物。即使在今天，三氧化二砷（亚砷酸）这种化合物还被用于治疗白血病。

　　砷先生与镓先生（见P37）的化合物砷化镓，是一种优良的半导体。砷化镓的传导速度比用硅女士制造的半导体速度更快，所需电力也更少。不过，因为难以制成，所以这也成了它美中不足之处。另外，砷先生还被当成发光二极管（LED）、太阳能电池的材料，在电子产业方面也非常活跃。

51
Sb
tī
锑 女士
Antimony

埃及艳后也
喜欢用它！

基本资料

- ◆ 常温的状态：固体
- ◆ 原子量：121.760
- ◆ 密度：6.68 g/cm³
- ◆ 熔点：630.628 ℃
- ◆ 沸点：1587 ℃
- ◆ 发现时间：不详

过去我曾被用于化妆品。但是我是有毒的……

它是这种元素哦！

　　锑女士自古以来就为人们知晓，它以前一直被使用在化妆品等方面。据说古代的埃及艳后克利奥帕特拉七世曾用锑女士涂眼影。遗憾的是，锑女士有毒……

　　锑女士属于半金属，它和硅女士混合而成的物质被使用在半导体上。此外，锑女士还有很多的作用，比如与氧先生的化合物——三氧化二锑可以使塑料、橡胶、布料等物质变得不易燃烧，所以被使用在窗帘、地毯等用品上，而不易燃烧的塑料则被应用在电子设备等方面。

83
Bi
bì
铋 女士
Bismuth

它是铅的
代替品！

我的结晶闪耀
着彩虹般的
光芒哦。

基本资料

◆ 常温的状态：固体
◆ 原子量：208.980
◆ 密度：9.79 g/cm³
◆ 熔点：271.406 ℃
◆ 沸点：1564 ℃
◆ 发现时间：不详

它是这种元素哦！

铋女士是一种半金属，其结晶体会散发出美丽的虹色光芒。铋女士具有质地柔软等性质，和铅先生相似，因此它可以取代有害的铅先生应用在焊料等方面，因为铋女士对人体是无害的。

铋女士与铅先生、锡先生、镉先生（见P30）的合金在70℃左右会熔化，所以被用于制造自动灭火设备的金属盖。一旦发生火灾，这种金属盖会自动熔化，水就会随之喷出灭火。此外，胃药、止泻药等药品中也用到了铋女士。

前文曾经提到的小钋就是铋女士与锌先生制造出来的元素。

氧家族

硫先生 16

氧先生 8

氧家族元素就像最外侧电子层上有6个电子的碳家族，它们与氮家族元素类似，成员的性质也各不相同。氧家族元素按从轻到重的顺序，依次是氧先生、硫先生、硒女士、碲先生和钋先生，共5位成员。

氧先生在常温环境下是气体状态，其他4位成员都是固体状态。氧先生和硫先生、硒女士是非金属，碲先生是半金属，钋先生是金属。

这个家族的成员是地球上常见的元素，可以说是元素都市中的名人家族。特别是氧先生，简直就是超级巨星。不单单在氧家族中，即使纵观所有元素，氧先生也是地壳中储量第一的元素

碲（dì）先生 ➄➁

硒（xī）女士 ➂➃

钋（pō）先生 ➇➃

　　呢。不仅在地壳中，在海洋和人体中，氧先生所占的比例也是最高的。虽然大气中氧先生的含量不是第一，但也仅次于氮先生而已。

　　硫先生虽然不如氧先生多，不过它在地壳中的储量也很多哦。在氧家族元素中，越是重的元素，其储量就越少。比如最重的钋先生具有放射性，在释放出放射线的同时就衰变为其他元素，所以在地球上的储存量十分稀少。

8
O
Oxygen

yǎng
氧先生

守护着地球
上的生物!

需要呼吸的
生物都离不开我哦。

基本
资料

◆ 常温的状态：气体　　◆ 原子量：15.999　　◆ 密度：0.001308 g/cm³

◆ 熔点：-218.79 ℃　　◆ 沸点：-182.962 ℃　　◆ 发现时间：1774年

具有这些特色哦！

氧先生是无色无味的气体。在大气中，氧先生约占21%，储量仅次于氮先生。在地壳和海洋中，氧先生是最多的元素。水就是我（氢）和氧先生的化合物，所以海洋中有许多氧先生也就很合理吧。

另外，在人体中，氧先生也是含量最多的元素。简直可以说氧先生是地球上最大众化的元素。

氧先生和其他元素发生反应称为"氧化"，铁生锈就是氧化反应。氧先生和铁先生结合会生成氧化铁。氧化时一般会产生光和热，所谓的物质燃烧其实就是发生了剧烈的氧化反应。

氧先生是元素都市的超级巨星啊！

具有这些作用哦！

在人体中的氧先生，除了和我（氢）结合形成水，还会和其他元素结合形成蛋白质。此外，人体活动的时候也少不了氧先生。通过呼吸进入肺部的氧先生被血液运至人体各处，然后被身体中的每一个细胞用于生成身体活动所需的能量。不仅是人类，对所有以呼吸维生的生物来说，氧先生都是不可或缺的生存要素。

大气中的氧先生有的是由2个原子结合而成的，有的是由3个原子结合而成的，后者被称为"臭氧"。臭氧聚集在距地表20千米左右的高空，形成了臭氧层，吸收及阻碍来自太阳对生物有害的紫外线，保护地球上的生命。

可以变成这种化合物

二氧化碳先生

二氧化碳先生是由2个氧原子和1个碳原子结合而成的分子。除了呼气时吐出来的气体，物体燃烧时也会产生二氧化碳。工厂之类的场所大量燃烧石油时会产生大量的二氧化碳。最近人们认为它导致了地球变暖而成了待解决的课题。因为二氧化碳具有蓄热的性质，所以如果过多，地表就会变得像温室一样热。

16
S
Sulfur

liú
硫先生

制造橡胶不可缺少的元素！

我待在火山和温泉地带哦。

基本资料

◆ 常温的状态：固体
◆ 原子量：32.06
◆ 密度：2.07 g/cm³
◆ 熔点：115.21 ℃
◆ 沸点：444.61 ℃
◆ 发现时间：不详

它是这种元素哦！

在火山或者温泉地带，人们可以找到硫先生。常见的硫先生多是黄色的结晶。在温泉之类的地方，我们经常用"闻到硫黄般的气味"来形容硫先生，那个味道像是腐败的鸡蛋的气味。不过事实上，硫先生本身是没有任何气味的，那种气味实际上来自硫化氢这种化合物。此外，洋葱或大蒜的辣味和气味的成分中也包含了硫化合物。

橡胶中也含有硫先生。如果单单只有橡胶的原料，一旦被拉伸后就不会恢复原形，但是有趣的是，如果加入了硫先生，橡胶就会变得富有弹性了。

34
Se
Selenium

xī
硒女士

防止老化！

基本资料

◆ 常温的状态：固体
◆ 原子量：78.971
◆ 密度：4.809 g/cm³
◆ 熔点：220.8 ℃
◆ 沸点：685 ℃
◆ 发现时间：1817年

人体里需要
少量的我哦。

它是这种元素哦！

　　硒女士的拉丁文学名源于希腊语中的"月亮（Selene）"一词。硒女士有多种同素异形体，但在常温下保持稳定的通常是灰色硒。硒女士属于非金属，但是具有半导体的性质。在黑暗的地方，硒女士是不导电的绝缘体，但是在光线照射下就能有很好的导电性。人们把这种性质称为"光电导性"。过去的人们就是利用这种性质，将硒女士制成复印机的感光管。

　　人体需要少量的硒女士。此外，硒女士与维生素C等结合，可使人体不受活性氧等的影响而避免老化，以此来保护人体。但是如果人体摄入硒过量的话，就会导致硒中毒，这一点要注意。

52 Te
Tellurium

dì 碲先生

用于改写
DVD光盘！

触碰我的话，
会沾上大蒜的
气味哦。

基本资料

◆常温的状态：固体
◆原子量：127.60
◆密度：6.232 g/cm³
◆熔点：449.51 ℃
◆沸点：988 ℃
◆发现时间：1783年

它是这种元素哦！

　　碲先生的学名源于拉丁文中的"地球（Tellus）"一词。碲先生是具有半导体性质的半金属。在将热能转化为电能、将电能转化为热能，进行"热电转换"的电子零件中，就使用了碲先生和铋女士的合金。此外，在DVD光盘或蓝光光盘等用于记录资料的光盘中，也使用了碲化合物。

　　人体中也存在微量的碲先生。但是，如果摄入过量的话，就会导致中毒，所以一定要加以注意。一般人可能没什么机会接触到它，不过触碰过它的话，呼吸和汗水会带上大蒜的气味，这一点也需要注意。

84
Po
Polonium

<ruby>钋<rt>pō</rt></ruby> 先生

具有很强的放射性！

在此警告大家，可不要把我用在危险的事情上哦。

它是这种元素哦！

钋先生是居里夫妇于1898年发现的一种具有很强放射性的元素。钋先生的毒性是自然存在的元素中最强的。附带一提，香烟中似乎也含有钋先生呢！

具有这些特质的钋先生被应用在核能电池方面。核电池因为使用寿命长，所以被应用在宇宙空间的探测器上，借由它而航行至远离太阳的地方。其原理是利用钋先生释放出的放射线衰变为铅先生时所产生的热能来发电。由此可见，钋先生也有能够大展身手的舞台呢。

卤素家族

氟先生⑨

氯先生⑰

　　这里登场的氟先生、氯先生、溴女士、碘先生和砹先生共5位，都是卤素家族的成员。从氟先生开始，后面的卤素家族成员依次变重。这个家族与碱金属家族的性质很类似，因为所有成员都非常喜欢和其他元素发生反应。

　　卤素家族的原子在最外侧的电子层上有7个电子。当最外侧电子层上有8个电子时是最稳定的状态。所以它们为了达到稳定状态，总是试图从其他地方获得1个电子，变为阴离子。它们真的非常喜欢捉弄人，这个家族说好听一点是"容易亲近"，说难听一点就是"爱捉弄人"。在卤素

碘先生 53

溴女士 35

砹（ài）先生 85

家族中，氟先生是最容易发生反应的元素。越重的元素其性质就越趋于稳定。

在常温下，家族成员呈现的状态各不相同。氟先生和氯先生是气体，溴女士是液体，碘先生是固体。像这样在一个家族中能呈现3种状态的只有卤素家族。附带一提，砹先生是人工制造出的元素，所以在自然界中几乎不存在。

9
F
Fluorine

fú
氟先生

与各种元素
发生反应！

来和我一起
变成化合物吧。

基本
资料

◆ **常温的状态：** 气体　◆ **原子量：** 18.998　　◆ **密度：** 0.001553 g/cm³

◆ **熔点：** −219.67 ℃　◆ **沸点：** −188.11 ℃　◆ **发现时间：** 1886年

具有这些特色哦!

氟先生是淡黄绿色的气体,带有刺激性气味。在所有元素中,氟先生吸引电子的能力是最强的。因为它很容易吸引其他原子中的电子,所以容易发生反应。即使是氙(xiān)女士(见P80)或氪(kè,见P79)先生这种不易和其他元素发生反应的稀有气体家族成员,氟先生也能与它们结合生成化合物。它真是超级爱捉弄人的家伙呀!基本上只有氦女士(见P74)或氖(nǎi)先生(见P76)这些元素不会与氟先生发生反应。

其实单质的氟先生有剧毒,曾有人因试图从矿物中提炼出氟先生而身亡。它真是一个背负着罪孽的家伙。

氟先生非常容易与其他元素发生反应,所以自然界中不存在单质的氟先生。

具有这些作用哦!

单质的氟先生非常容易发生反应,但是相对的,变成氟化合物之后则变得非常稳定。

最常见的氟化合物大概要数牙膏了。据说氟化钠这种氟化合物具有提高牙齿强度的作用。此外,不知道大家是否见过表面涂有氟化树脂的平底锅或是其他锅具呢?因为涂有氟化树脂的锅具既耐热又不易烧焦,所以是做饭的好帮手。

将氟先生与我(氢)结合后的氟化氢溶于水中的溶液,能够溶解玻璃。利用这一点,人们可以在玻璃上标示出刻度,将玻璃制成各种工艺品。

可以变成这种化合物

氟化钠先生

一般认为,能够预防蛀牙的氟化物之一就是氟化钠先生。它是氟先生与钠先生的化合物,牙膏或漱口水中就用到了它。大家知道牙医有时也使用氟化钠液吗?蛀牙的产生是因为细菌制造出的酸溶解了牙齿,而氟化钠具有使牙齿表面不易溶解的性质。

17 Cl Chlorine

氯(lǜ)先生

有名的泳池消毒剂！

给水杀菌的工作就交给我好了。

基本资料

◆ 常温的状态：气体
◆ 原子量：35.45
◆ 密度：0.002898 g/cm³
◆ 熔点：−101.5 ℃
◆ 沸点：−34.04 ℃
◆ 发现时间：1774年

它是这种元素哦！

氯先生是黄绿色的气体，具有仅次于氟先生（见P66）的吸引其他元素电子的能力。自然界中没有以单质形式存在的氯先生，它总是以某种化合物的形式出现。做菜时不可缺少的食盐（氯化钠）就是氯先生与钠女士结合而成的有名的化合物。

另外，氯先生具有很强的杀菌效果，被用于消毒自来水或游泳池的水。不过氯先生也具有毒性，所以有规定的适当使用量。氯化合物也被用作漂白剂，但是将漂白剂与清洗厕所等场所使用的酸性洗涤剂混合时，会产生具有剧毒的氯气，使用时一定要多加注意。

35
Br
Bromine

xiù
溴女士

> 如同我的名字，我是有味道的哦。

具有强烈的刺激性气味！

基本资料

◆ **常温的状态**：液体
◆ **原子量**：79.904
◆ **密度**：3.1028 g/cm³
◆ **熔点**：−7.2 ℃
◆ **沸点**：58.8 ℃
◆ **发现时间**：1826年

它是这种元素哦！

溴女士的特征是在常温状态下呈液态。纵观所有元素，也只有溴女士和汞先生是这样的。溴女士是具有强烈气味的红褐色液体，而且有毒。

与氯先生相比，溴女士没那么容易发生反应，不过它能和很多元素形成溴化合物。溴女士的用途包括制成漂白剂、当成阻燃剂应用在塑胶等方面。

从紫贝等贝类分泌的黏液中，可以制造出含有溴女士的紫色染料。在以前，紫色染料十分稀有，所以非常珍贵。

53
I
Iodine

diǎn
碘先生

裙带菜中
就有它！

我来帮你抑制
炎症。

 基本资料

◆ 常温的状态：固体
◆ 原子量：126.904
◆ 密度：4.933 g/cm³
◆ 熔点：113.7 ℃
◆ 沸点：184.4 ℃
◆ 发现时间：1811年

它是这种元素哦！

碘先生在固体的时候是黑紫色，裙带菜等海藻中就含有丰富的碘先生。它是人体不可缺少的元素之一，非常重要。不过大家一定要注意适量摄入，否则会引起中毒。

碘先生具有杀灭细菌和病毒的效果，所以经常被用在碘酒等杀菌药、消毒药中。

此外，碘钨灯中也用到了碘先生。就如同它的名字，碘钨灯是一种加入了少量卤素家族的碘先生和溴女士的白炽灯，比普通的照明灯更亮，也更耐用。

另外，碘先生也是一种容易发生反应的元素呢。

85 At
Astatine

ài
砹先生

马上就衰变
为其他元素！

> 虽然我非常不稳定，不过我能否帮上点忙呢？

基本资料

- ◆常温的状态：固体
- ◆原子量：210
- ◆密度：不详
- ◆熔点：300 ℃
- ◆沸点：350 ℃
- ◆发现时间：1940年

它是这种元素哦！

砹先生是加利福尼亚大学于1940年以人工方式制造而成的元素。它的拉丁文学名源自希腊语中的"不稳定"一词。事实上，砹释放出放射线时会衰变为其他元素，时间短则1分钟，长则不超过8个小时。砹先生十分不稳定，所以自然界中几乎不存在。

在治疗癌症的方法中，有一种方法是放射治疗。这是利用放射性元素释放的放射线来杀灭癌细胞的方法。所以人们在研究能不能将砹先生用于放射治疗中。

稀有气体
家族

氖先生 ⑩

氦女士 ❷

氩(yà)先生 ⑱

　　稀有气体家族按照从轻到重的顺序，包括6名成员，依次是氦女士、氖先生、氩先生、氪先生、氙女士和氡先生。这个家族成员有很多相似之处。正如它们的名字，稀有气体家族在常温下都是气体状态。

　　沸点低也可以说是它们的共同性质。其中氦女士的沸点特别低，要冷却到大约−269.928℃才会变成液体。家族成员中沸点最高的元素是氡先生，沸点大约是−61.7 ℃。

　　氦女士的电子层上只有2个电子，而其他家族成员的最外侧电子层上有8个电子。因为这种状

氡（dōng）先生 86

氪先生 36

氙女士 54

态最为稳定，所以稀有气体家族成员不会试图从其他元素身上抢电子，也不会把自己的电子给别的元素。自己一个人最开心，也因此不容易和其他元素发生反应。所以这个家族成员的化合物很少。说到氦女士和氖先生的化合物，那可是一个都没看到哦。

另外，在自然界中的稀有气体家族成员很少。而且，因为无色无味，大家接触它们的机会也很少。这个家族可以说是元素都市中孤芳自赏的家族哦。

He² Helium
hài 氦女士

轻且不易燃烧的气体！

我可以一个人轻轻飘在空中哦。

基本资料

◆常温的状态：气体　　◆原子量：4.003　　◆密度：0.000164 g/cm³

◆熔点：不详　　◆沸点：−268.928 ℃　　◆发现时间：1895年

具有这些特色哦!

氦女士是一种无色无味的气体。氦气比空气轻，在所有元素中，它的轻仅次于我（氢）。虽然在整个宇宙中，它是仅次于我的第二多元素，但是在地球的大气中它的含量并不多。因为氦女士很轻，所以会轻轻地飘浮在空中，最后就散逸到宇宙中了。因为氦女士与我的诞生时间一样，所以可以说是我的旧友。

虽然氦女士在大气中的含量很少，不过地壳中的天然气里含有它。人们就是从中提炼出氦女士来的。

氦女士不关心其他元素，喜欢独自居住。直到2017年中国学者与外国学者共同发现了氦钠化合物。

> 氦女士是喜欢"一个人独处"的元素啊。

具有这些作用哦!

氦女士是仅次于我（氢）的第二轻的元素，但与我不同的是，它不会燃烧，所以被当成气球或飞艇的浮升气体。我们常见的东西里，不是有一种很有名、能让人的声音变高的聚会商品吗？那其实是氦女士和氧先生的混合气体。氦女士本身无毒，但是如果只吸入氦气的话就有窒息的可能，所以一定要小心。此外，它和氧先生的混合气体也被用在氧气瓶中。

另外，因为氦女士的沸点是所有元素中最低的，约为－269℃，所以液氦可以用作强效冷却剂。比如在医疗用的MRI（Magnetic Resonance Imaging，磁共振成像）及磁悬浮列车中的超导磁铁方面，用于冷却、消除电阻。

元素的小知识 稀有气体的化合物

稀有气体家族成员因为不易发生反应，所以化合物也很少。但是并不等于没有化合物哦。实际上，氙女士和氟先生、氧先生等结合而成的化合物就不少。此外，氪先生和氡先生也有化合物。氩先生（见P78）的化合物——氩化氢，就是在2000年后被发现的。遗憾的是，人们至今未能发现氦女士和氖先生的化合物……它们究竟在哪里呢？

nǎi
氖先生

能做出
霓虹灯！

我发出的光很
奇特吧！

基本
资料

◆常温的状态：气体　　◆原子量：20.180　　◆密度：0.000825 g/cm³

◆熔点：−248.59 ℃　　◆沸点：−246.046 ℃　　◆发现时间：1898年

具有这些特色哦!

氖先生是无色无味的气体,在大气中它的含量很少。因此人们通过将空气转化为液体来提取它。

稀有气体家族成员原本就不易与其他元素发生反应,氦女士和氖先生也是最难发生反应的。到现在为止,人们尚未发现氖先生的化合物。

从气体变成液体时,它的特征是体积会急剧缩小。一般的气体变成液体时,体积会缩小到原来的1/500~1/800,但是如果是氖先生的话,甚至会缩小到1/1400。因为变成液体后,体积就不再扩大,所以运输时非常方便。

听说氖先生的拉丁文学名源于希腊语中"新的"一词。

具有这些作用哦!

说到氖先生的活跃场所,首先想到的是霓虹灯吧。只要向灯管中加入少量的氖先生,通电后灯管就会发出红橙色的光。

同样的现象也发生在氦女士、氩先生等元素上。根据灯管中元素的不同,会产生不同颜色的光芒,所以通过改变灯管中气体的组合,就可以制造出各种各样颜色的光。霓虹灯所需的电很少,所以经常被用作广告牌等,看起来非常有气氛。

此外,氖先生和氦女士的混合气体被用于制造激光设备。条形码扫描器中也用到了氖先生。就在最近,使用半导体的激光设备也越来越多了。

元素的小知识　霓虹灯的颜色

人们将加入了氖先生并施加了电极的玻璃管称为"霓虹灯"。霓虹灯使用的元素不仅是氖先生,如果加入氦女士,就会发出黄光;加入氩先生则会发出介于红光和蓝光之间的光。此外,加入氪先生会发出黄绿色光;加入氙女士会发出介于蓝色和绿色之间的光。加入稀有气体家族以外的元素也会发生类似的现象,比如加入汞先生会发出蓝绿色光,加入氮先生会发出黄光。通过不同的元素组合,就可以做出各种颜色的光。

18
Ar
Argon

^{yà}氩先生

能防止氧化！

我可不是"懒惰虫"哟。

基本资料

◆ 常温的状态：气体
◆ 原子量：39.95
◆ 密度：0.001633 g/cm³
◆ 熔点：−189.34 ℃
◆ 沸点：−185.848 ℃
◆ 发现时间：1894年

它是这种元素哦！

　　氩先生约占大气的0.93%，看似含量很少，其实在大气中已经仅次于氮先生和氧先生了。它比空气重，且没有颜色、没有味道。因为它不易发生反应，所以几乎不存在化合物。

　　氩先生的拉丁文学名来自希腊语中的"懒惰虫"一词，不过它在白炽灯或荧光灯中非常活跃。它负责保护白炽灯的灯丝，稳定日光灯的光。

　　另外，因为氩先生不会与氧先生发生反应，所以它致力于不使葡萄酒氧化，以及防止焊接作业的金属氧化。

36
Kr
Krypton

kè
氪 先生

不易导热！

我是保护灯泡
的超人哦。

基本资料

◆ **常温的状态**：气体
◆ 原子量：83.798
◆ 密度：0.003425 g/cm³
◆ 熔点：−157.37 ℃
◆ 沸点：−153.415 ℃
◆ 发现时间：1898年

它是这种元素哦！

氪先生在大气中仅约占0.000114%，是一种无色无味的气体。

有种灯泡中用氪先生取代氩先生，这种灯泡称为"氪气灯泡"。与普通的灯泡相比，氪气灯泡更明亮，使用时间更长。对氪先生施加高电压的话会发出青白色的光，所以氪先生被用在照相机的闪光灯中。

此外，有一种窗户在两片玻璃之间充入氪先生，这种窗户的绝热性能会非常好。这是因为氪先生具有很难导热的性质。

附带一提，知名的超级英雄超人，他的故乡就是"氪星"哦。

54
Xe
Xenon

xiān
氙女士

我发出的光和自然光非常接近。

基本资料

◆ **常温的状态：**气体
◆ **原子量：**131.293
◆ **密度：**0.005366 g/cm³
◆ **熔点：**−111.75 ℃
◆ **沸点：**−108.099 ℃
◆ **发现时间：**1898年

它是这种元素哦！

氙女士在大气中只占0.0000087%，它是无色无味的气体。

对氙女士施加电压而发光的氙气灯泡，因为不需要灯丝，所以使用寿命更长。此外其消耗的电力也很少，光芒和太阳光非常相似。因此，这种灯被用作火车或汽车的车前灯。

另外，氙女士在宇宙中也非常活跃。日本的小行星探测器"隼鸟号"采用离子引擎进行宇宙飞行，这种引擎就是利用离子化气体的电力推动探测器前进的。实际上，氙女士就使用在这个气体上。其实，离子引擎的燃料费非常划算。

86
Rn
Radon

dōng
氡先生

快来有我在的温泉吧。

具有放射性
的温泉成分！

基本
资料

◆ 常温的状态：气体
◆ 原子量：222
◆ 密度：0.009074 g/cm³
◆ 熔点：−71 ℃
◆ 沸点：−61.7 ℃
◆ 发现时间：1900年

它是这种元素哦！

氡先生是一种放射性气体，但是它无色无味，是气体元素中最重的元素。

居里夫妇发现接触过镭先生（见P23）的空气具有放射性，那种空气就是氡先生，也就是镭先生衰变之后变身成的氡先生。因此氡先生的拉丁文学名也和镭先生有关。

氡先生和氦女士都在地壳中生成，存在于地下水和天然气中。氡先生可以溶于温泉，含量达到一定程度以上的温泉，被称为"氡温泉"或"镭温泉"。

过渡金属家族

Sc 钪(kàng)先生 ㉑　Ti 钛(tài)先生 ㉒　V 钒(fán)先生 ㉓　Cr 铬(gè)先生 ㉔　Mn 锰(měng)先生 ㉕

Y 钇(yǐ)先生 ㊴　Zr 锆(gào)先生 ㊵　Nb 铌(ní)先生 ㊶　Mo 钼(mù)先生 ㊷　Tc 锝(dé)先生 ㊸

Hf 铪(hā)先生 ⑫　Ta 钽(tǎn)先生 ⑬　W 钨(wū)先生 ⑭　Re 铼(lái)先生 ⑮　Os 锇(é)先生 ⑯

Rf 铲(lú)先生 ⑭　Db 𬭊(dù)先生 ⑮　Sg 𬭳(xǐ)先生 ⑯　Bh 𬭛(bō)先生 ⑰　Hs 𬭶(hēi)先生 ⑱

金女士 ⑲

　　过渡金属家族的成员非常多。从金女士、银先生、铜先生这些人们耳熟能详的元素，到钼先生、锇先生这些几乎没有什么人听过的元素，总计有34种。镧系家族和锕系家族的元素们其实也属于过渡金属家族，不过会分开来介绍它们。

　　过渡金属家族如其名，这个家族的成员都属于金属，它们具有金属光泽，都带有颜色。虽然每位成员的具体性质有所差异，但是它们的导电性和导热性都很好。这些元素的金属原子一旦结合到一起，各个原子的电子层也会重合到一起，于是电子就能够自由地来来往往了。这种状态下的电子被称为"自由电子"。正因为有了自由电子，它们才容易导电。此外，它们具有金属光泽

铁先生 26　钴（gǔ）先生 27　镍(niè)先生 28

钌（liǎo）先生 44　铑（lǎo）先生 45　钯（bǎ）先生 46

铱（yī）先生 77　铂先生 78

铸（mài）先生 109

钛（dá）先生 110

铑（lún）先生 111

银先生 47　　　　　　　　　　　　　铜先生 29

也是因为有自由电子存在。事实上，这些光泽是外来光被自由电子反射后所产生的。即使原子的排列方式发生变化，电子依旧能够自由移动，所以金属能够被压扁和拉伸。

　　凭借以上的性质，过渡金属家族成员在工业和电气行业中非常活跃。它们就像是支撑起元素都市的白领一族呢。

79
Au
Gold

jīn
金女士

从古至今一直受喜爱的黄金元素！

我在电子产业中也十分活跃哦。

基本资料

◆ 常温的状态：固体
◆ 原子量：196.967
◆ 密度：19.3 g/cm³
◆ 熔点：1064.18℃
◆ 沸点：2836℃
◆ 发现时间：不详

它是这种元素哦！

　　如同名字所述的那样，金女士是一种闪耀着金光的金属。凭借美丽的光泽，从古至今，金女士一直被用作装饰品。

　　金女士不易同其他元素发生反应，所以不易受到侵蚀。金女士非常柔软，很容易加工。大家如果看过薄薄的金箔，就能明白了。据说金女士可以延展到0.0001毫米那么薄。此外，它的导电性能和导热性能也非常好。

　　因为具有以上这些性质，所以除了用作装饰品外，金女士在电子设备中也十分活跃。电脑等电子零部件的结合部位就使用了镀金。

47 Ag Silver

yín 银 先生

最能反射光的元素！

基本资料

◆ 常温的状态：固体
◆ 原子量：107.868
◆ 密度：10.5 g/cm³
◆ 熔点：961.78 ℃
◆ 沸点：2162 ℃
◆ 发现时间：不详

它是这种元素哦！

如同名字所述的那样，银先生是一种具有银色金属光泽的金属。从古至今，它就一直被用作装饰品或餐具等方面。

在所有的金属元素中，银先生的导电性能和导热性能是最好的。虽然比不上金女士，但它也是很容易加工的。与金女士不同的是，银先生容易和其他元素发生反应。银先生还具有杀菌和消除气味的作用。

---

29 Cu Copper

tóng 铜 先生

它是人类最早利用的金属！

基本资料

◆ 常温的状态：固体
◆ 原子量：63.546
◆ 密度：8.96 g/cm³
◆ 熔点：1084.62 ℃
◆ 沸点：2560 ℃
◆ 发现时间：不详

它是这种元素哦！

铜先生是具有红色金属光泽的金属。它的导电性能和导热性能仅次于银先生。铜先生的价格比银先生低，所以常被使用在电线等方面。

铜先生是人类最早使用的金属，从古至今，人们一直在使用铜合金。事实上，除了1日元硬币，所有的日元硬币都含有铜先生与其他金属形成的合金。

镧系家族

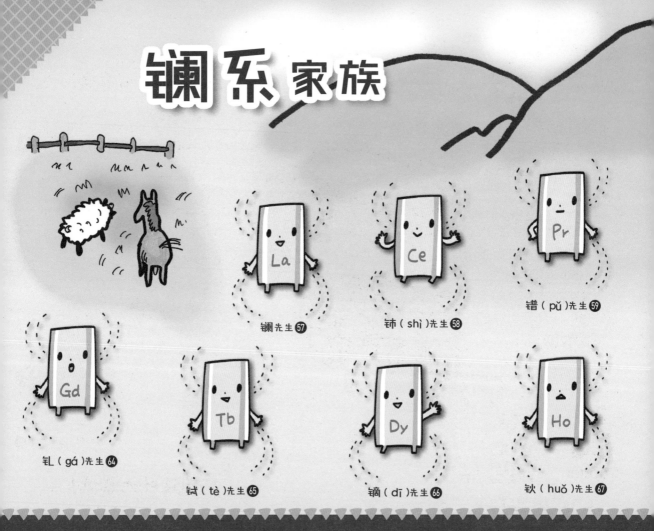

镧先生 ❺⓻

铈（shì）先生 ❺❽

镨（pǔ）先生 ❺❾

钆L（gá）先生 ❻❹

铽（tè）先生 ❻❺

镝（dī）先生 ❻❻

钬（huǒ）先生 ❻❼

镧系家族包括从镧先生到镥先生共15位成员。镧系家族的镧系名称就与镧先生有关。

这个家族其实也是过渡金属家族的一份子，把其中性质特别相似的元素们再集结起来就成了镧系家族。它们都是银白色的金属，容易与氧先生结合。此外，它们还具有易于变成磁石的共性。

大家可能没怎么听过这些元素，这个家族其实还有一个名称，那就是"稀土元素"。镧系家族中的许多成员在这个世界上非常有用。举个例子：钕先生或钐先生就相当出名，可以制造出非常强力的磁石。特别是用钕先生制成的磁石，具有最强的磁力。镧先生可以用来提升望远镜等镜

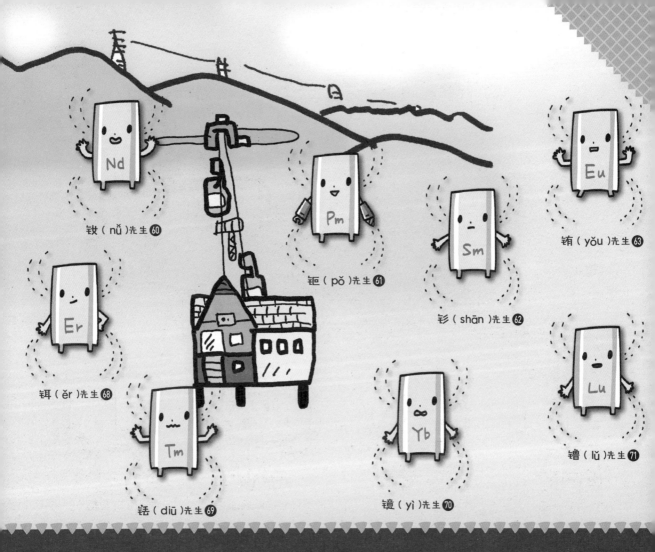

钕（nǚ）先生 ⑥

镨（pǒ）先生 ⑥

钐（shān）先生 ⑥

铕（yǒu）先生 ⑥

铒（ěr）先生 ⑥

铥（diū）先生 ⑥

镱（yì）先生 ⑦

镥（lǔ）先生 ⑦

片的性能。镝先生可以用作紧急出口标识等的夜光涂料。此外，互联网中用于传递信息的光缆中就使用了铒先生和铥先生。

　　再加上过渡金属家族中的钪先生和钇先生，稀土元素家族总计有17位成员。

锕系家族

锕先生 89   钍（tǔ）先生 90   镤（pú）先生 91

锔（jú）先生 96   锫（péi）先生 97   锎（kāi）先生 98   锿（āi）先生 99

  锕系家族包括以锕先生为首的15位元素。锕系的名称就来源于锕先生。

  锕系家族其实也属于过渡金属家族，与镧系家族一样，锕系家族也是把性质特别相似的元素们另外集结而成的家族。锕系家族的所有成员都具有放射性，其中铀先生和钚先生释放放射线的时间比较长。

  铀先生和钚先生因为和核能发电有关而经常出现在新闻中，想必大家都听过它们的名字吧。铀先生在核能发电站中被用作核燃料使用。钚先生除了被用作核燃料使用，还被用作核能电池的材料。此外，这二位还曾被用来制造原子弹。

铀(yóu)先生 92

镅(méi)先生 95

镎(ná)先生 93

钚(bù)先生 94

镄(fèi)先生 100

钔(mén)先生 101

锘(nuò)先生 102

铹(láo)先生 103

　　自然界中存在锕先生、钍先生、镤先生、铀先生这4位，其他的锕系元素都是人工制造出来的。不过，据说自然界中也存在非常少量的镎先生和钚先生。比铀先生重，且以人工制造而成的元素又被称为"超铀元素"。因此在自然界中不存在超铀元素，所以其性质也多半未被人所知。

小铼家族

镃（gē）先生⑫的家

小铼⑬

这个家族成员都是最近被发现的。已经被正式定名的元素有：2010年命名的第112号元素镃先生，2012年命名的第114号元素铁先生和第116号元素铊先生。

第113号元素小铼是日本首先发现的元素，元素的学名由发现者命名。2015年12月，理化学研究所的研究小组被正式认定为铼的发现者，所以该研究小组根据"日本"一词的日语发音，提议将小铼的拉丁文学名命名为"Nihonium"。没过多长时间，小铼的学名就正式定下来了！小铼是锌先生与铋女士反复碰撞后生成的，其详细性质尚未探明。

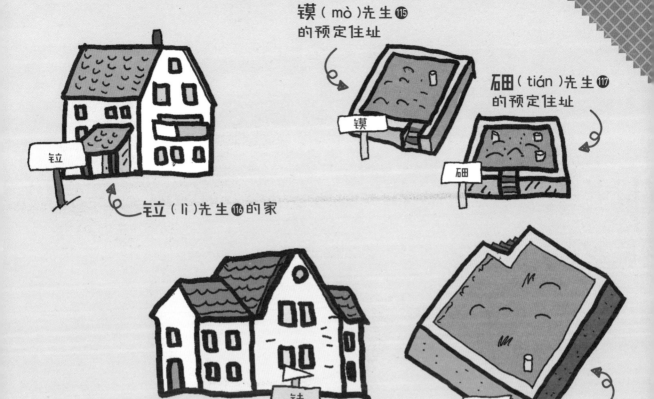

镆（mò）先生⑪⑤
的预定住址

砐（tián）先生⑪⑦
的预定住址

镆

砐

铊

铊（lǐ）先生⑪⑥的家

铁

铁（fū）先生⑭的家

鿫

鿫（ào）先生⑪⑧
的预定住址

　　其实与小钚的情形类似，其发现者已被承认、拉丁文学名已被提交的元素还有3种。根据地名命名的元素有第115号元素镆先生，源自俄罗斯首都莫斯科。第117号元素砐先生，源自美国田纳西州。第118号元素鿫先生，源自俄罗斯物理学家尤里·奥加涅相（Yuri Oganessian），这是根据人命名的。

　　它们今后也将入住元素都市，它们是什么样的元素呢？我也很想知道！

图书在版编目（CIP）数据

元素都市GO！：118种化学元素带你探索世界 / (日) 宫村一夫编; (日) 堀田Miwa绘; 孙成志, 刘佳译. — 北京: 中国青年出版社, 2018.12（2025.1重印）

ISBN 978-7-5153-5410-1

I.①元… II.①宫… ②堀… ③孙… ④刘… III.①化学元素—少儿读物 IV.①O611-49

中国版本图书馆CIP数据核字（2018）第270238号

版权登记号：01-2018-7312

GO TO THE ELEMENT CITY!
Copyright ©2016 g-Grape.Co.,Ltd.
Original Japanese edition published by JITSUMUKYOIKU-SHUPPAN Co.,Ltd.

侵权举报电话

全国"扫黄打非"工作小组办公室	中国青年出版社
010-65212870	010-59231565
http://www.shdf.gov.cn	E-mail: editor@cypmedia.com

元素都市GO！118种化学元素带你探索世界

编　　者：　[日] 宫村一夫
绘　　者：　[日] 堀田Miwa
译　　者：　孙成志　刘佳

编辑制作	北京中青雄狮数码传媒科技有限公司	印　　刷：	北京瑞禾彩色印刷有限公司
项目统筹	粉色猫斯拉·王颖	规　　格：	787mm x 1092mm　1/24
责任编辑	张军	印　　张：	4
策划编辑	白峥	字　　数：	50千字
营销编辑	刘然	版　　次：	2019年5月北京第1版
助理编辑	刘单	印　　次：	2025年1月第19次印刷
书籍设计	彭涛	书　　号：	ISBN 978-7-5153-5410-1
出版发行	中国青年出版社	定　　价：	49.90元

社　　址：　北京市东城区东四十二条21号
网　　址：　www.cyp.com.cn
电　　话：　010-59231565
传　　真：　010-59231381

如有印装质量问题，请与本社联系调换
电话：010-59231565
读者来信：reader@cypmedia.com
投稿邮箱：author@cypmedia.com